亲子动物故事绘

霸王龙

天生王者初长成

崔钟雷　主编

中国书籍出版社
China Book Press

霸王龙

阿利奥拉龙

肿角龙

似鸟龙

优椎龙

无齿翼龙

阿拉莫龙

副栉龙

戟龙

达氏吐龙

bái è jì wǎn qī ， shí wù zī
白垩纪晚期，食物资
yuán fēng fù ， lù dì shang chū xiàn le xǔ
源丰富，陆地上出现了许
duō xíng tài gè yì de kǒng lóng
多形态各异的恐龙。

科普课堂

白垩纪是中生代最后一个时期，始于 1.455 亿年前，结束于 6550 万年前，历经 7950 万年。

③

霸王龙是最著名的肉食性恐龙之一，它们生存于白垩纪晚期，是肉食性恐龙中出现最晚，同时也是最大型、最具力量的一种。

wǒ shì yì zhī bà wáng lóng　　wǒ zài hěn xiǎo de shí hou
我是一只霸王龙，我在很小的时候

jiù xiǎng chéng wéi shì jiè shang zuì bàng de kǒng lóng
就想成为世界上最棒的恐龙。

wǒ màn màn zhǎng dà bìng biàn de yuè lái yuè qiáng zhuàng　yú shì
我慢慢长大并变得越来越强壮，于是，

wǒ yǔ mā ma gào bié　zhǔn bèi dào wài miàn de shì jiè qù chuǎng chuang
我与妈妈告别，准备到外面的世界去闯闯。

恐龙小百科

霸王龙可以单独捕捉猎物，因此，成年霸王龙一般独来独往。雄性霸王龙四处流浪，而雌性霸王龙则有自己的领地。

走出林子，我看见一只高大的植食性恐龙，他和一只成年霸王龙差不多大，沉重的大尾巴几乎占了身长的一半儿。

tū rán   yì zhī xiōng è de dà kǒng lóng xiàng nà zhī dà wěi ba kǒng
突然，一只凶恶的大恐龙向那只大尾巴恐
lóng fā dòng le gōng jī
龙发动了攻击。

wǒ mǎ shàng gēn zhe pǎo guò qù   wǒ
我 马 上 跟 着 跑 过 去。我
xiǎng kàn kan huì fā shēng shén me
想 看 看 会 发 生 什 么。

nà zhī xiōng è de kǒng lóng huí guò tóu lán zhù le wǒ shēng qì de wèn gāng
那只凶恶的恐龙回过头拦住了我，生气地问："刚

cái nà zhī kǒng lóng shì wǒ de liè wù nǐ píng shén me hé wǒ qiǎng
才那只恐龙是我的猎物，你凭什么和我抢？"

wǒ shuō wǒ bìng bù zhī dào tā shì nǐ de liè wù wǒ zhǐ xiǎng gào su
我说："我并不知道他是你的猎物，我只想告诉
tā jiāng lái wǒ yào chéng wéi kǒng lóng shì jiè de wáng
他将来我要成为恐龙世界的王。"

duì fāng tīng wán wǒ de huà bú xiè
对方听完我的话,不屑
de shuō wǒ ā lì ào lā lóng cái shì zhè
地说:"我阿利奥拉龙才是这
er de wáng
儿的王。"

科普课堂

阿利奥拉龙头上长
有骨质脊突或尖刺,是
一种凶残的猎食者。

wǒ shēng qì de shuō　　　　wǒ men bà
我生气地说："我们霸
wáng lóng dōu shì kào lì liàng huò dé wáng wèi
王龙都是靠力量获得王位
de　zán liǎ kě yǐ bǐ shi yí xià
的，咱俩可以比试一下。"

wǒ hé ā lì ào lā lóng bǎi hǎo le zhàn dòu de zī shì ā lì ào lā

我和阿利奥拉龙摆好了战斗的姿势。阿利奥拉

lóng shì yì zhī hào zhàn de kǒng lóng tā de tǐ xíng hé wǒ chà bu duō tóng

龙是一只好战的恐龙，他的体形和我差不多，同

yàng zhǎng yǒu fēng lì de yá chǐ hé qiáng zhuàng de hòu zhī

样长有锋利的牙齿和强壮的后肢。

wǒ zuò hǎo le zhàn dòu zhǔn
我做好了战斗准
bèi liǎng zhī yǎn jing jǐn jǐn de dīng
备，两只眼睛紧紧地盯
zhe ā lì ào lā lóng sì jī qù yǎo
着阿利奥拉龙，伺机去咬
duì fāng de bó zi
对方的脖子。

duì zhì yí huì er
对 峙 一 会 儿
hòu wǒ dà jiào yì shēng pū dào
后，我 大 叫 一 声，扑 到
ā lì ào lā lóng de shēn shang zhǔn
阿 利 奥 拉 龙 的 身 上，准
què de yǎo zhù le tā de
确 地 咬 住 了 他 的
bó zi
脖 子。

ā lì ào lā lóng pīn mìng de
阿利奥拉龙拼命地

zhēng zhá tā shí ér huí guò tóu yòng dà
挣扎，他时而回过头用大

yá yǎo wǒ shí ér yòng qián zhī zhuā wǒ
牙咬我，时而用前肢抓我。

dàn wǒ bìng bú pà ā lì ào lā lóng wǒ jǐn jǐn de

但我并不怕阿利奥拉龙，我紧紧地

yǎo zhù tā háo bú fàng sōng

咬住他，毫不放松。

wǒ píng jiè zì
我 凭 借 自

jǐ de lì liàng hé sù dù yíng
己 的 力 量 和 速 度 赢

le zhè cháng zhàn dòu　ā lì ào
了 这 场 战 斗 ，阿 利 奥

lā lóng rèn shū hòu　wǒ cái sōng kāi kǒu fàng le tā
拉 龙 认 输 后 ，我 才 松 开 口 放 了 他 。

经过这次胜利，我更加希望能凭着自己的力量来征服这个世界。

一天，我遇到了一只肿角龙。
他长着巨大的颈盾，还有三个大角
向前伸出，样子
十分古怪。

恐龙小百科

肿角龙生活在白垩纪晚期的北美洲。成年肿角龙的体长约7.5米，它们的体形庞大，四肢粗壮，是一种植食性恐龙。

wǒ wèn tā nǐ zhǎng de zhè me dà wèi shén me bù hé ròu shí
我问他："你长得这么大，为什么不和肉食
xìng kǒng lóng zhēng duó wáng wèi ne
性恐龙争夺王位呢？"

肿角龙说:"我对当 王没兴趣,我 长 得这么高
大,只是为了保护自己不受大型 动物的欺负。"

zhǒng jiǎo lóng wèn　　　xiǎng dāng

肿 角 龙 问 :" 想 当

wáng de xiǎo jiā huo　nǐ xiǎng hé wǒ bǐ

王 的 小 家 伙 , 你 想 和 我 比

shì yí xià ma　　shì de　　wǒ dā yìng

试 一 下 吗 ?""是 的 。"我 答 应

le　yì shēng　　jiù xiàng zhǒng jiǎo lóng pū

了 一 声 , 就 向 肿 角 龙 扑

le guò qù

了 过 去 。

zhǒng jiǎo lóng tǐng qǐ le tóu shang jiān lì de sān zhī jiǎo chòng zhe wǒ shuō
肿 角 龙 挺 起 了 头 上 尖 利 的 三 只 角 ，冲 着 我 说：
hái méi yǒu yì zhī bǐ wǒ ǎi de ròu shí xìng kǒng lóng gǎn pèng wǒ de jiǎo ne
"还 没 有 一 只 比 我 矮 的 肉 食 性 恐 龙 敢 碰 我 的 角 呢。"

^{zhǒng jiǎo lóng suī rán kàn qǐ lái bǐ jiào bèn zhòng dàn qí shí tā hěn líng}
肿角龙虽然看起来比较笨重，但其实他很灵
^{huó wǒ zěn me yě nòng bù dǎo tā}
活，我怎么也弄不倒他。

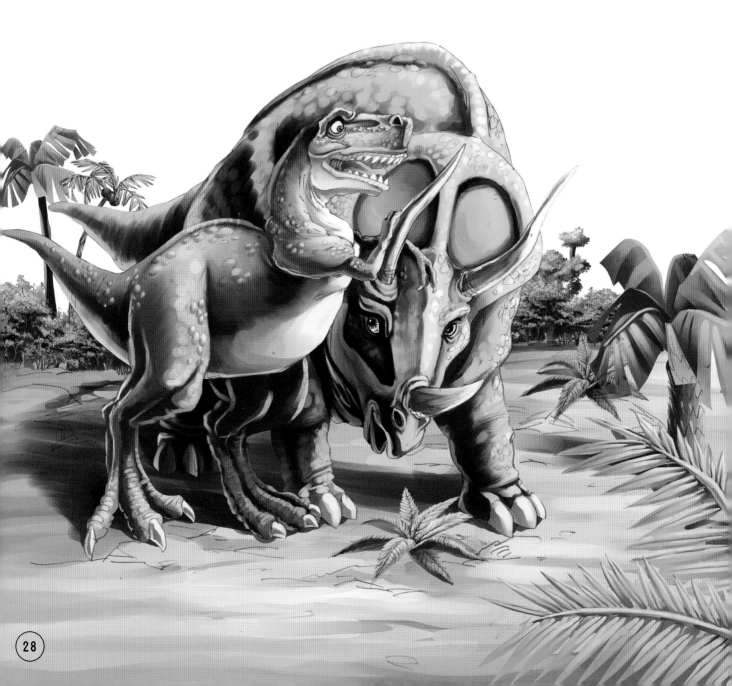

zhǒng jiǎo lóng hěn hé qi de duì wǒ shuō　　xiǎo jiā huo　nǐ de gè zi suī

肿角龙很和气地对我说："小家伙，你的个子虽

án bǐ wǒ ǎi　dàn nǐ de lì qi yǐ jīng hěn dà le　bú guò　yào xiǎng dāng

然比我矮，但你的力气已经很大了，不过，要想当

wáng　nǐ hái yào zài liàn lian cái xíng

王，你还要再练练才行。"

29

wǒ shuō　　　děng wǒ chéng wéi zuì qiáng dà de kǒng lóng shí　　yí dìng

我说："等我成为最强大的恐龙时，一定

néng dǎ de guò nǐ

能打得过你。"

恐龙 小百科

当遇到肉食性恐龙的攻击时，肿角龙会先左右摇摆巨大的头部吓唬对方，接着把两只前腿叉开站稳，用尖利的角和坚硬的颈盾猛烈地撞击对方。

科普课堂

剑角龙的头盖骨又厚又圆,四周还长有一圈骨刺,当遇到敌人时,可以利用头部猛烈地撞击对方。

wǒ zǒu chū sēn lín　　fā xiàn
我走出森林,发现
liǎng zhī jiàn jiǎo lóng zài dǎ jià　　wèi
两只剑角龙在打架。为
le zhēng duó lǐng dì　　tā men yòng
了争夺领地,他们用
nǎo dai hù xiāng zhuàng jī
脑袋互相撞击。

wǒ fēi cháng xiàn mù zhè liǎng zhī jiàn jiǎo lóng zhǎo dào le zì jǐ de duì shǒu

我非常羡慕这两只剑角龙找到了自己的对手，

wǒ yě hěn xiǎng zhǎo dào kěn yǔ zì jǐ zhàn dòu de duì shǒu dàn shì zhǎo shéi ne

我也很想找到肯与自己战斗的对手，但是找谁呢？

离开森林，我遇到了一只似鸟龙。他看见我走过来，并不紧张，仍然在吃低矮处的植物。

wǒ wèn tā suǒ yǒu de xiǎo xíng dòng wù jiàn le wǒ dōu huì pǎo

我问他："所有的小型动物见了我都会跑

kāi nǐ wèi shén me bù pǎo sì niǎo lóng shuō wǒ xiǎng pǎo de shí hou

开，你为什么不跑？"似鸟龙说："我想跑的时候

zì rán jiù pǎo le nǐ shì zhuī bú shàng wǒ de

自然就跑了，你是追不上我的。"

恐龙小百科

　　似鸟龙体形高大，轻巧苗条，头部较小，身后长有一条长长的尾巴。它们的后肢强壮有力，能够快速奔跑，细长灵活的前肢可以辅助抓食物。

似鸟龙接着说："我知道你就是那只一直想当恐龙世界霸主的霸王龙。你来这儿做什么？"

我说："我一直在找我的对手。如果没有一个强大的对手，我怎么能知道自己是最棒的呢？"

sì niǎo lóng xiǎng le xiǎng shuō
似鸟龙想了想说：
yōu zhuī lóng kě yǐ zuò nǐ de duì
"优椎龙可以做你的对
shǒu nǐ qù jiàn jian tā ba
手，你去见见他吧。"

wǒ jí jí máng máng de hé sì niǎo
我急急忙忙地和似鸟
lóng gào bié　tà shàng le xún zhǎo yōu zhuī lóng
龙告别，踏上了寻找优椎龙
de dào lù
的道路。

wǒ zài hé biān tíng xià jiǎo bù gāng hē le yì

我在河边停下脚步，刚喝了一

kǒu shuǐ hū rán tīng dào bèi hòu yǒu yì zhī kǒng lóng shuō

口水，忽然听到背后有一只恐龙说：

zhè shì wǒ de lǐng dì nǐ jìng gǎn shàn zì lái hē shuǐ

"这是我的领地，你竟敢擅自来喝水。"

wǒ huí tóu yí kàn　　shì yì zhī bǐ wǒ gāo dà
我回头一看，是一只比我高大

de duō de kǒng lóng　　tā de dà zuǐ li mǎn shì jiān
得多的恐龙，他的大嘴里满是尖

lì de yá chǐ
利的牙齿。

wǒ míng bai zhè jiù shì sì niǎo lóng gào su wǒ de duì shǒu yōu zhuī

我明白这就是似鸟龙告诉我的对手——优椎

lóng yōu zhuī lóng háo bú kè qi de dīng zhe wǒ shuō wǒ tīng shuō yǒu yì zhī bà

龙。优椎龙毫不客气地盯着我说："我听说有一只霸

wáng lóng xiǎng chéng wéi kǒng lóng shì jiè zhōng zuì
王龙想成为恐龙世界中最
qiáng dà de wáng shuō de jiù shì nǐ ma
强大的王，说的就是你吗？"

恐龙 小百科

优椎龙是一种大型肉食性恐龙，它们的头部很大，颈部粗壮而有力，长长的上下颌中长满锯齿状的牙齿，这是它们最具进攻性的"武器"。

wǒ háo bú wèi suō de shuō　　shì
我毫不畏缩地说："是
de　zhèng shì wǒ　　wǒ jīn tiān lái jiù shì
的，正是我。我今天来就是
xiǎng hé nǐ bǐ shi yí xià　kàn kan shé
想和你比试一下，看看谁
gèng lì hai
更厉害。"

yōu zhuī lóng gāo ào de hēng le yì shēng
优椎龙高傲地哼了一声，

shuō nǐ xiǎng hé wǒ bǐ shi yí xià hǎo a xiàn
说："你想和我比试一下，好啊，现

zài jiù kāi shǐ ba
在就开始吧。"

wǒ hé yōu zhuī lóng zhàn
我 和 优 椎 龙 站
zài hé àn biān zuò hǎo le zhàn
在 河 岸 边，做 好 了 战
dòu zhǔn bèi yōu zhuī lóng gāng cái shuō de
斗 准 备。优 椎 龙 刚 才 说 的
dí què shì zhēn huà tā shì zhè yí dài de
的 确 是 真 话，他 是 这 一 带 的
wáng méi yǒu yì zhī kǒng lóng gǎn yǔ tā wéi dí
王，没 有 一 只 恐 龙 敢 与 他 为 敌。

zhàn dòu kāi shǐ le
战斗开始了。
wǒ yǎo zhù le yōu zhuī lóng de fù bù
我咬住了优椎龙的腹部，
yōu zhuī lóng yǎo zhù le wǒ de hòu
优椎龙咬住了我的后
bèi wǒ men hù xiāng shuāi dǎ
背，我们互相摔打
zhe dōu xiǎng jiāng duì fāng shuāi
着，都想将对方摔
dǎo zài dì
倒在地。

几个回合过去了，我有些着急，我想用后腿去蹬优椎龙，但反被优椎龙掀翻在地，最后我输了。

zhè huí nǐ zhī dào shéi cái néng dāng wáng le ba
"这回你知道谁才能当王了吧？"
shuō wán　yōu zhuī lóng dà mú dà yàng de zǒu le
说完，优椎龙大模大样地走了。

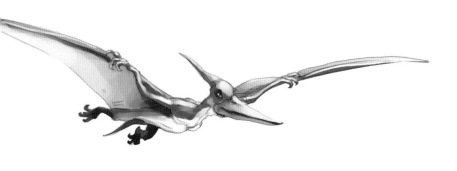

wǒ hěn jǔ sàng　　pǎo dào
我 很 沮 丧 ，跑 到
hǎi biān sàn xīn　　hū rán　　wǒ
海 边 散 心 。忽 然 ，我
fā xiàn yuǎn chù yǒu yì zhī zhǎng
发 现 远 处 有 一 只 长
zhe dà chì bǎng de jiā huo zhèng
着 大 翅 膀 的 家 伙 正
cháo àn biān fēi lái
朝 岸 边 飞 来 。

nà shì yì zhī shēng huó zài bái è jì wǎn qī de yì lóng jiào wú chǐ
那是一只生活在白垩纪晚期的翼龙，叫无齿

yì lóng
翼龙。

科普课堂

　　无齿翼龙是生存于
白垩纪晚期的翼龙类，
是一种可以飞行的爬行
动物。

wú chǐ yì lóng de chì bǎng zhǎn kāi yǒu qī mǐ cháng tā jīng cháng zhǎn kāi

无齿翼龙的翅膀展开有七米长，他经常展开

jù dà de chì bǎng zài shuǐ miàn shàng kōng fēi xíng sì jī bǔ zhuō yóu dào shuǐ miàn

巨大的翅膀在水面上空飞行，伺机捕捉游到水面

de yú

的鱼。

wú chǐ yì lóng diāo zhe
无齿翼龙叼着
gāng zhuō dào de yú luò zài àn
刚捉到的鱼落在岸
biān de yán shí shang　duì wǒ
边的岩石上，对我
shuō　　xiǎng chéng wéi wáng
说："想成为王
de bà wáng lóng zěn me dào hǎi
的霸王龙怎么到海
biān lái le
边来了？"

我不好意思地低下头说："我刚才输给了优椎龙。他认为我根本不配称王。"

tīng le wǒ de huà　wú chǐ yì lóng shuō　　　nǐ suī rán bèi dǎ bài
听了我的话，无齿翼龙说："你虽然被打败

le　 bú guò nǐ yǐ jīng lí zuì bàng de kǒng lóng bù yuǎn le
了，不过你已经离最棒的恐龙不远了。"

wǒ hěn gǎn xiè wú chǐ yì lóng duì wǒ de gǔ lì wǒ
我很感谢无齿翼龙对我的鼓励。我
lí kāi hǎi biān yòu huí dào le sēn lín wǒ xī wàng zì jǐ
离开海边，又回到了森林。我希望自己
duì gè zhǒng gè yàng de kǒng lóng dōu yǒu suǒ liǎo jiě
对各种各样的恐龙都有所了解。

wǒ yù dào le ā lā mò lóng tā dà
我遇到了阿拉莫龙，他大
yuē yǒu èr shí yī mǐ cháng zài tā miàn
约有二十一米长。在他面
qián wǒ xiǎn de tài xiǎo le
前，我显得太小了。

wǒ gào su ā lā mò lóng
我告诉阿拉莫龙

zì jǐ bìng bú shì lái yǔ tā wéi dí de wǒ zhǐ
自己并不是来与他为敌的，我只

shì xiǎng zhī dào yǔ bié de kǒng lóng xiāng bǐ wǒ shì bú shì zuì bàng de kǒng lóng
是想知道与别的恐龙相比，我是不是最棒的恐龙。

^{tā} ^{dī} ^{tóu} ^{kàn} ^{kan} ^{wǒ} ^{fēi} ^{cháng} ^{chéng} ^{kěn} ^{de} ^{shuō} ^{nǐ}
他低头看看我，非常 诚 恳地说："你

huì chéng wéi zuì bàng de kǒng lóng
会 成 为 最 棒 的 恐 龙。"

wǒ gào bié ā lā mò lóng hòu
我告别阿拉莫龙后，
zhǎo le yí gè dì fang pā zhe xiū xi
找了一个地方趴着休息。

tū rán   wǒ kàn jiàn lín zi li zǒu chū lái

突然，我看见林子里走出来

yì zhī zhǎng jiǎo de kǒng lóng

一只 长 角 的 恐 龙。

zhè zhǒng kǒng lóng shì fù zhì lóng tā yào qù lìng yí piàn
这 种 恐龙 是 副栉龙，他要去另一片
shù lín li kàn zì jǐ de péng you
树林里看自己的朋友。

恐龙小百科

副栉龙是一种植食性恐龙，它能以二足或四足着地行走。副栉龙最有特点的就是它头盖骨上长有大型、修长、向后方弯曲的冠饰。

wǒ wèn tā　　zài tā péng you zhōng
我问他，在他朋友中
yǒu mei yǒu fēi cháng qiáng zhuàng de　　néng
有没有非常强壮的，能
yǔ　bà wáng lóng kàng héng de kǒng lóng
与霸王龙抗衡的恐龙。

副栉龙想了想，说："没有。"不过，他说在森林深处有一只达式吐龙，实力很强。

wǒ jué dìng qù huì hui dá shì
我决定去会会达氏
tǔ lóng yú shì wǒ cháo zhe fù zhì lóng
吐龙，于是我朝着副栉龙
zhǐ de fāng xiàng zǒu qù
指的方向走去。

zhèng zǒu zhe　　wǒ hū rán kàn jiàn
正走着，我忽然看见
liǎng zhī kǒng lóng zài dǎ jià　　qí zhōng yì
两只恐龙在打架，其中一
zhī shì jǐ lóng　　lìng yì zhī shì ā lì ào
只是戟龙，另一只是阿利奥
lā lóng
拉龙。

科普课堂

戟龙又名刺盾角龙,希腊语意为"有尖刺的蜥蜴",是植食性角龙下目恐龙的一属,生存于白垩纪的坎潘阶。

zuì hòu　　jǐ lóng gǎn zǒu le　ā　lì　ào lā lóng　rán hòu
最后,戟龙赶走了阿利奥拉龙,然后

yōu xián de zài lín zi li sàn bù
悠闲地在林子里散步。

_{wǒ zhèng yào zǒu shàng qián qù wèn dá shì tǔ lóng zài nǎ er shí yì zhī dà}
我 正要走上 前去问达式吐龙在哪儿时，一只大

_{kǒng lóng cóng lín zi li tiào le chū lái zhè jiù shì wǒ xiǎng jiàn de dá shì tǔ lóng}
恐龙从林子里跳了出来。这就是我 想见的达式吐龙，

_{tā de yàng zi hé wǒ yǒu xiē xiāng xiàng}
他的 样子和我有些 相 像。

我说："你就是达式吐龙吧？我听说，在这片森林中你是最棒的恐龙，我也想成为最棒的恐龙，所以来见见你。"

达氏吐龙是一种大型肉食性恐龙,生活在白垩纪晚期的北美洲。达氏吐龙的嘴巴里长着匕首般尖利的牙齿,这是其捕食猎物的有力武器。

ō　　nǐ　yě xiǎng chéng wéi zuì bàng de kǒng
"噢,你也想 成 为最棒的恐
lóng　nà jiù xiān hé wǒ dǎ yí jià shì shi ba　　dá
龙?那就先和我打一架试试吧!"达
shì tǔ lóng gāo ào de shuō
式吐龙高傲地说。

wǒ hé dá shì tǔ lóng duì zhì zhe děng dài shí jī
我和达式吐龙对峙着，等待时机。
dá shì tǔ lóng shǒu xiān chén bú zhù qì le   tā zhāng kāi dà
达式吐龙首先沉不住气了，他张开大
zuǐ ba xiàng wǒ pū yǎo guò lái
嘴巴，向我扑咬过来。

wǒ duǒ guò le dá shì tǔ lóng de jìn gōng suí jí jiāng tóu dǐng dào
我躲过了达式吐龙的进攻，随即将头顶到
le dá shì tǔ lóng de dù zi shang
了达式吐龙的肚子上。

还没等达氏吐龙反应过来，我马上对着他的喉咙咬了一口。这一场战斗，我赢了。

我真的成了恐龙世界的王，于是，我兴奋地跑到海边，冲着大海喊道："我已经是最棒的恐龙了。"

过了一会儿，我看见海中游来一只古海龟。他对我说："这都什么时候了，做最棒的恐龙，有什么用呢？"

恐龙小百科

古海龟是一种生活在远古海洋中的肉食性海龟，它们的背甲由长出体外的肋骨构成，外面覆盖着坚硬厚实的皮质表层。

古海龟叹了口气，接着说："唉，你没发现太阳不如以前那么亮了吗？现在海里已经越来越冷了，不久，大地也会变冷的，到时候就会出大事的。"

我对古海龟的话半信半疑，但不管怎样，我觉得应该把这件事告诉其他恐龙。

wǒ jì xù wǎng qián zǒu zài hú biān zhǎo
我继续往前走，在湖边找

dào le mā ma wǒ gào su le mā ma gǔ hǎi
到了妈妈。我告诉了妈妈古海

guī de huà mā ma tīng le wǒ de huà yǐ hòu
龟的话。妈妈听了我的话以后，

dài zhe wǒ lái dào yì tiáo xiǎo xī páng
带着我来到一条小溪旁。

妈妈说：“守在这里，如果真有灾难发生，你会是最后一只活着的恐龙。”

79

bái è jì mò qī zhí wù dōu kū wěi le zhí shí xìng kǒng lóng méi yǒu le shí wù
白垩纪末期，植物都枯萎了，植食性恐龙没有了食物，

hěn kuài jiù è sǐ le méi yǒu le shí wù wǒ yě wú fǎ táo guò sǐ wáng de mìng yùn
很快就饿死了。没有了食物，我也无法逃过死亡的命运。